"少年轻科普"丛书

U0192693

# 植物，了不起的人类职业规划师

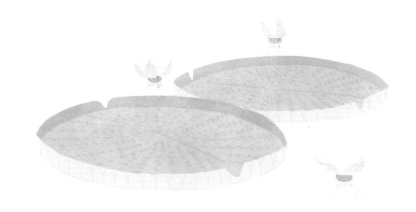

史军 / 著

广西师范大学出版社
·桂林·

**图书在版编目(CIP)数据**

植物,了不起的人类职业规划师/史军著.—桂林:
广西师范大学出版社,2024.3
　(少年轻科普)
　ISBN 978-7-5598-6697-4

　Ⅰ.①植… Ⅱ.①史… Ⅲ.①植物-少儿读物
Ⅳ.①Q94-49

中国国家版本馆CIP数据核字(2024)第011681号

植物,了不起的人类职业规划师
ZHIWU,LIAOBUQI DE RENLEI ZHIYE GUIHUASHI

出 品 人:刘广汉
特约策划:苏　震　杨　婴　姚永嘉　玉米实验室
策划编辑:杨仪宁
责任编辑:杨仪宁　孙羽翎
封面设计:DarkSlayer
内文设计:钟　颖
插　　画:段凯琳
广西师范大学出版社出版发行

( 广西桂林市五里店路9号　　邮政编码:541004 )
( 网址:http://www.bbtpress.com )
出版人:黄轩庄
全国新华书店经销
销售热线:021-65200318　021-31260822-898
山东临沂新华印刷物流集团有限责任公司印刷
(临沂高新技术产业开发区新华路1号　邮政编码:276017)
开本:720 mm×1 000 mm　　1/16
印张:6.75　　　　　　　　字数:50千
2024年3月第1版　　　2024年3月第1次印刷
定价:48.00元

如发现印装质量问题,影响阅读,请与出版社发行部门联系调换。

# 序
## PREFACE

## 每个孩子都应该有一粒种子

在这个世界上，有很多看似很简单，却很难回答的问题，比如说，什么是科学？

什么是科学？在我还是一个小学生的时候，科学就是科学家。

那个时候，"长大要成为科学家"是让我自豪和骄傲的理想。每当说出这个理想的时候，大人的赞赏言语和小伙伴的崇拜目光就会一股脑地冲过来，这种感觉，让人心里有小小的得意。

那个时候，有一部科幻影片叫《时间隧道》。在影片中，科学家可以把人送到很古老很古老的过去，穿越人类文明的长河，甚至回到恐龙时代。懵懂之中，我只知道那些不修边幅、蓬头散发、穿着白大褂的科学家的脑子里装满了智慧和疯狂的想法，它们可以改变世界，可以创造未来。

在懵懂学童的脑海中，科学家就代表了科学。

什么是科学？在我还是一个中学生的时候，科学就是动手实验。

那个时候，我读到了一本叫《神秘岛》的书。书中的工程师似乎有着无限的智慧，他们凭借自己的科学知识，不仅种出了粮食，织出了衣服，造出了炸药，开凿了运河，甚至还建成了电报通信系统。凭借科学知识，他们把自己的命运牢牢地掌握在手中。

于是，我家里的灯泡变成了烧杯，老陈醋和碱面在里面愉快地冒着泡；拆开的石英表永久性变成了线圈和零件，只是拿到的那两片手表玻璃，终究没有变成能点燃火焰的透镜。但我知道科学是有力量的。拥有科学知识的力量成为我向往的目标。

在朝气蓬勃的少年心目中，科学就是改变世界的实验。

什么是科学？在我是一个研究生的时候，科学就是炫酷的观点和理论。

那时的我，上过云贵高原，下过广西天坑，追寻骗子兰花的足迹，探索花朵上诱骗昆虫的精妙机关。那时的我，沉浸在达尔文、孟德尔、摩尔根留下的遗传和演化理论当中，惊叹于那些天才想法对人类认知产生的巨大影响，连吃饭的时候都在和同学讨论生物演化理论，总是憧憬着有一天能在《自然》和《科学》杂志上发表自己的科学观点。

在激情青年的视野中，科学就是推动世界变革的观点和理论。

直到有一天，我离开了实验室，真正开始了自己的科普之旅，我才发现科学不仅仅是科学家才能做的事情。科学不仅仅是实验，验证重力规则的时候，伽利略并没有真的站在比萨斜塔上面扔铁球和木球；科学也不仅仅是观点和理论，如果它们仅仅是沉睡在书本上的知识条目，对世界就毫无价值。

科学就在我们身边——从厨房到果园，从煮粥洗菜到刷牙洗脸，从眼前的花草树木到天上的日月星辰，从随处可见的蚂蚁蜜蜂到博物馆里的恐龙化石……

处处少不了它。

其实，科学就是我们认识世界的方法，科学就是我们打量宇宙的眼睛，科学就是我们测量幸福的尺子。

什么是科学？在这套"少年轻科普"丛书里，每一位小朋友和大朋友都会找到属于自己的答案——长着羽毛的恐龙、叶子呈现宝石般蓝色的特别植物、僵尸星星和流浪星星、能从空气中凝聚水的沙漠甲虫、爱吃妈妈便便的小黄金鼠……都是科学表演的主角。"少年轻科普"丛书就像一袋神奇的怪味豆，只要细细品味，你就能品咂出属于自己的味道。

在今天的我看来，科学其实是一粒种子。

它一直都在我们的心里，需要用好奇心和思考的雨露将它滋养，才能生根发芽。有一天，你会突然发现，它已经长大，成了可以依托的参天大树。树上绽放的理性之花和结出的智慧果实，就是科学给我们最大的褒奖。

编写这套丛书时，我和这套书的每一位作者，都仿佛沿着时间线回溯，看到了年少时好奇的自己，看到了早早播种在我们心里的那一粒科学的小种子。我想通过"少年轻科普"丛书告诉孩子们——科学究竟是什么，科学家究竟在做什么。当然，更希望能在你们心中，也埋下一粒科学的小种子。

"少年轻科普"丛书主编　史军

# 目录
## CONTENTS

# 01

## 当植物遇到航海家

　　对航海家来说，有些植物是巨大的诱惑，是他们出发的动力；有些植物是在海上漂泊时的救命稻草，是不可或缺的"灵药"。

　　植物促使航海家扩展了对世界的认知，也促使人类进一步认识了自己的身体，让人类认识到需要补充一些特殊的营养物质才能正常生活，推动了营养学的发展。当植物遇到航海家，有趣的故事就开始了。

# 去找胡椒的船队发现了辣椒

西餐的餐桌上，永远放着两个瓶子，一个装盐，一个装胡椒。牛排上可以撒一点，鱼肉上可以撒一点，沙拉上也可以撒一点……总之，盐和胡椒，永远是百搭的配餐调料。

15 世纪末，欧洲人特别迷恋胡椒这种香料——小小的，圆圆的，辣辣的，充满异域香气。当时只有尊贵的客人才有资格享用胡椒。

有一位落魄的热那亚中年人在欧洲皇室间游走，希望获得一大笔资助，去寻找那个传说中充满香料的国度——印度；去收集那些散落在人间的美味碎片——胡椒、丁香、肉桂、肉豆蔻等珍贵香料。然而，包括葡萄牙国王在内的权贵都断然拒绝了他的提议，因为这项提议看起来并不靠谱。

但是这位中年人并没有气馁，他一直努力游说，终于在 1492 年的时候获得了西班牙国王的资助。不过，与其说是资助，不如说是有限的风险投资：西班牙国王给他提供的不过是两条不算很好的船和一笔不算多的钱。于是，这位中年人开始了一场改变世界的旅行。

这位中年人，就是航海家克里斯托弗·哥伦布。

后来的故事我们就不用赘述了。哥伦布一路向西，航行到达了一块陆地，并且坚称这里就是印度。到达新大陆的同时，他还为欧洲人带回了一种前所未见的红色"胡椒"。

今天，我们都知道，哥伦布发现的并非印度，而是美洲大陆；至于他发现的红色胡椒，就是我们今天熟知的辣椒了。只不过当时由哥伦布命名的西印度群岛和"pepper"这个英文单词一直沿用到了今天。在英语中，"pepper"同时指代来自茄科的辣椒和来自胡椒科的胡椒。

# 坏血病和维生素 C

1492 年，克里斯托弗·哥伦布率领船队到达美洲，这是欧洲人历史上首次长时间不靠岸越洋航行。在接下来的日子里，欧洲探险家的航船驶向世界各地，在大洋上航行的时间越来越久。

人们发现，通常经过两个月左右的航行之后，很多船员身上就会逐渐出现诸多奇怪的症状——身体软弱无力，关节疼痛，皮肤出现黑色或蓝色的瘀斑（这种淤血很久才会被吸收），牙齿经常出血甚至发生脱落……人们称它为"坏血病"，因为这些症状主要发生在水手身上，所以这种病又被称为"水手病"。

今天，我们都知道坏血病的病因是人体缺乏维生素 C 了。欧洲的传统食谱里面其实很少有蔬菜，他们获取维生素 C 主要是依靠水果和一部分肉类食物（肉类其实是含有维生素 C 的，特别是牛、羊等哺乳动物的肉，维生素 C 含量并不低。所以吃三成熟牛排的时候，实际上也可以补充维生素 C）。当然，在长期航行海上的船上，要保存新鲜肉类显然是不现实的，能多装点咸肉就不错了。

好吧，不能携带新鲜肉类去航海，那是不是可以

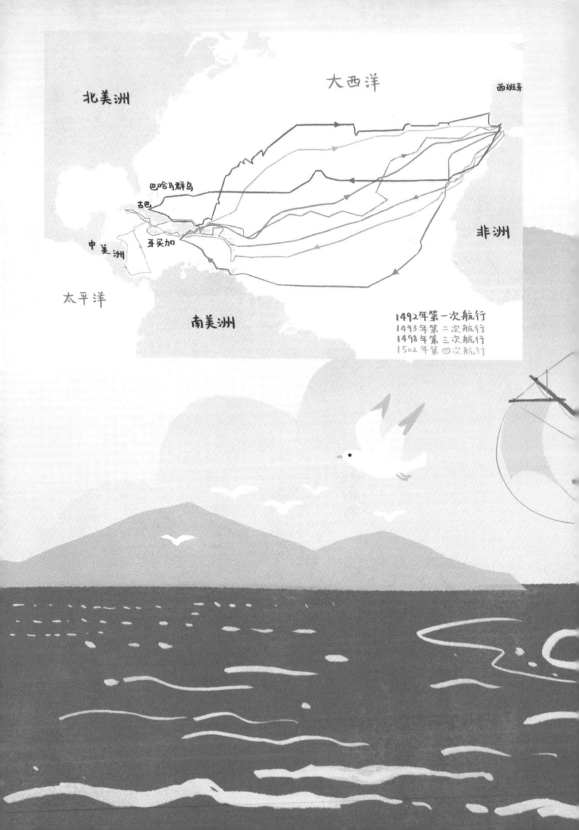

大西洋

北美洲

西班牙

巴哈马群岛
古巴

非洲

中美洲
牙买加

太平洋

南美洲

1492年第一次航行
1493年第二次航行
1498年第三次航行
1502年第四次航行

## 小贴士

世界上不能靠自身合成维生素C的哺乳动物没几种，人就是其中之一。主要还是因为人类祖先的食物中有很多植物性食物，所以不需要自己合成，也能满足身体的需要。

带植物性食物呢？其实随便一片菜叶子，里面的维生素 C 含量就挺丰富的。比如 100 克大白菜的维生素 C 含量可以达到 43 毫克，每天吃上一两片，就不怕缺乏维生素 C 了。1536 年，发现圣劳伦斯河的法国探险家雅克·卡蒂亚，询问了当地的印第安人后，用柏树叶所煮成的茶，就成功地救治了自己的部下。

但是有个问题，叶菜装到船上也不行啊……别说两三个月，在热带区域，估计放几天就要烂了。至于水果，也保存不了多长时间。其实欧洲航海家最初是带过柠檬汁的，只是为了方便长期存放要先把柠檬汁煮开。他们还是用铜壶来煮的，铜壶中的铜离子把柠檬汁中的维生素 C 都破坏了。

直到后来，人们发现了既可以提供维生素 C，又可以长时间存放的青柠檬（注意，不是黄色的柠檬，青柠檬也叫来檬），长途航海中全靠它，这才搞定了坏血病。

# 郑和的船队为什么没有坏血病

早在哥伦布大航海之前半个世纪，中国就有一位了不起的航海家开启了远航的旅程。

1405 年，中国明朝永乐皇帝指派郑和率领规模空前的船队远渡重洋，七下西洋。奇怪的是，相关的历史记录里并没有大规模坏血病的记载。郑和所指挥的船队中，为什么没有坏血病病人出现呢？

关于这个问题，不同学者有不同看法，综合起来有两个原因。

首先，郑和船队的不靠岸航行时间短，补给相对容易。人体短时间内不吃维生素 C 也不会得坏血病，因为人体中的很多部位其实蓄积了大量的维生素 C 来执行一些生理功能（比如肾上腺的维生素 C 含量可以达到血浆含量的 100 倍），这些储备是有可能被机体用来应急的。

其次，中国人有一个了不起的技能——种菜。无论在世界的哪一个角落，只要有一片空地，中国人都能把它们变成菜园子。郑和船队中的宝船上，完全有可能种植了一些速生蔬菜——这也确实有相关记载，说中国的商船上有用木桶种植的蔬菜。

# 02

## 当植物遇到运动员

　　古代的奥林匹克运动会领奖台上，获奖运动员为什么要戴橄榄枝？运动员能不能喝咖啡？足球场的草皮有什么讲究……

　　当植物遇到运动员，会发生怎样的故事呢？

# 此橄榄非彼橄榄

古代的奥林匹克运动会上，上台领奖的运动员除了获得奖牌之外，每个人头上还要戴上一个用橄榄枝编织的花环。

运动员头上佩戴的植物花环来自油橄榄——它们的果实榨出的油，就是我们熟悉的橄榄油。油橄榄跟中国做成蜜饯的橄榄一点关系都没有。油橄榄属于木犀科木犀榄属，原产于小亚细亚，后来在地中海区域广泛栽培。油橄榄的叶片和枝条上都有灰色鳞片，所以远看有些毛茸茸的感觉。联合国旗帜上象征和平的植物枝条，就是油橄榄。

早在古希腊时期，油橄榄的枝条就被编成花环，戴在体育比赛冠军的头上。当时，还有一些运动会的冠军会获得月桂枝条编成的花环。于是，指代冠军的"桂冠"一词也由此而来。1896 年，第一届现代奥林匹克运动会在希腊的雅典举办，那时候只向冠军和亚军发奖，冠军戴上橄榄枝花环，亚军戴上月桂枝花环。

## 小贴士

*油橄榄：地中海的"原住民"*

........................................................................

　　传统观点认为，油橄榄原产于小亚细亚，后来广泛在地中海区域栽培。新的化石证据显示，油橄榄有可能起源于意大利和地中海东部区域，2 000万到4 000万年前，它们就生活在这里了。在7 000年前，地中海区域的居民开始栽培油橄榄，栽培的初衷是获取食用油料。

　　地中海区域的环境十分适合油橄榄生活，它叶片上的鳞片也是为了对付夏天的烈日和冬天的湿冷而准备的。与我们所处的东亚区域雨热同季的气候不同，地中海区域夏季少雨干热，冬季多雨湿冷，俨然另外一个世界。世界上种植油橄榄的主要区域就是地中海区域，以及与其气候相近的区域。

........................................................................

　　说起月桂，这也是很多人生活中常见的一种植物。月桂在哪里呢？我们吃四川红油火锅的时候，会看到一些漂浮在火锅汤表面的叶子，这些被称为"香叶"的叶片，就是月桂的叶子。这种叶子有着特殊的香气和微苦微辣的滋味，可以为火锅增添特殊的风味。

# 运动员能不能喝咖啡

既然说到吃，我们就来说说运动员的饮食。

运动员并不是想吃什么就能吃什么，这不仅仅关系到运动员的身体健康，还关系到一件重要的事情，那就是兴奋剂检测。

如今，运动员是可以在比赛之前喝咖啡的。但是在1984~2004年，运动员不可以喝浓咖啡。因为当时的体育界认为，咖啡也是一种兴奋剂，咖啡中的咖啡因会影响比赛的真实性和公平性。

咖啡中的咖啡因会让人兴奋，还能在短时间内增强人的认知能力。当成人的咖啡因摄入量在200~400毫克的时候，个体警觉以及视觉注意力、视觉控制等能力都有明显提升。

咖啡是很多成年人喜欢的饮品，如果因为工作要求或者身体情况，需要限制对咖啡因的摄入，那该怎么办呢？

可以选择不含咖啡因的无咖啡因咖啡。

这种咖啡是如何生产出来的呢？

无咖啡因咖啡最出名的制作方法是瑞士水洗法：先把咖啡豆浸泡在水里，一段时间后，用活性炭过滤这些富含咖啡因的水，就得到了没有咖啡因但有咖啡香味的溶液。然后，用这个溶液来浸泡咖啡豆，这样一来，因为溶液中的风味物质已经满满当当，咖啡豆中的香气物质就不会再跑出去了，都被保存在咖啡豆里；但是溶液里并没有咖啡因，于是生豆中的咖啡因就溶解在溶液里，最终就得到了没有咖啡因但有咖啡香味的咖啡豆。

想控制咖啡因的摄入并不容易，因为在我们的生活中，还有很多意想不到的咖啡因提供者。有些植物跟咖啡完全没有关系，但是它们会在种子里面储藏咖啡因——比如我们当蔬菜吃的秋葵。

后来，世界反兴奋剂机构（World Anti-Doping Agency，简称为WADA）发现咖啡因中兴奋剂的剂量对竞技水平带来的提升，与正常饮食摄入咖啡因几乎没有差别。因此，在2004年，WADA取消了对咖啡因的限制，防止给运动员带来不公正的处罚。运动员们在赛前也可以享受咖啡了。

有意思的是，除了无咖啡因咖啡，还有无咖啡因茶叶，但是生产工艺就不是水洗了（毕竟水泡之后，茶叶也就不能再用了），而是用二氧化碳给茶叶"洗澡"。当然，这里用到的二氧化碳要比空气中的浓很多，浓到都已经成为液体了。这些二氧化碳液体会溶解茶叶里的咖啡因，把它们从茶叶里带出来。

# "世界杯"上的草坪

赛场上，运动员的表现不仅取决于运动员本身，跟场地也有很大关系。比如，一片好的球场草皮，可以让足球运动员发挥出更好的水平。

看似随意的球场草皮，其实大有学问。世界上最有知名度和影响力的足球赛事"世界杯"的草坪，可不是随便找点草籽扔到场地上就可以了。

2010 年"世界杯"的场地就使用了两种草坪草。产自加拿大的黑麦草草种和产自美国肯塔基的草地早熟禾草种，将它们按比例混合后（黑麦草 85%，草地早熟禾 15%）播种，就成了世界杯的比赛用草坪。

作为足球比赛用草，首先得要耐得住践踏。注意看看比赛的慢镜头回放，我们可以看到运动员脚下草皮飞舞。没办法，比赛对抗就是如此激烈。一般来说，经历十次左右的踩踏就会影响草的生长。所以，足球场地用草首要的就是耐践踏。

适当的长短也是必要的考虑因素。"世界杯"比赛场地的草皮长度在 28 毫米左右，草的长短对足球运行速度和轨迹的影响自不用说。

# 小贴士

## 植物可以帮助我们规划游览路线

曾经有一个迪士尼乐园的道路规划难坏了一帮设计师:怎样的道路设计才能最方便游客在不同游乐项目之间走来走去?有一位设计师突发奇想,直接在整个园区里播撒草种,随即开放。几个月后,清晰的道路就出现在了草坪上——那是众多游客用自己的双脚选择的最佳路线,按照这些路线铺设道路,就是最棒的方案。看到了吧,特殊情况下,踩踏草坪还能帮助我们解决问题。

不过小朋友可要注意,一般情况下,随意踩踏草坪可是不文明的行为。

# 当植物遇到数学家

你可能想不到,植物对数学的发展起到了不可估量的作用——可以说,植物促进了算术和几何学的诞生,并且不断引导我们攀向理解自然的数学高峰。

什么,你不信植物可以当数学老师?

那我们就来见识一下植物的数学功力:横着切开一个苹果,你会发现苹果中隐藏着一个完美的五角星图案。

把玉米剥开,你会发现每穗玉米上,玉米粒的列数都是双数,无论玉米是大还是小。

这些神奇的设计,是因为植物认识数字吗?

# 植物和数字的起源

数字并不是随着人类诞生而产生的。

植物促使人类进行农耕，而农耕，催生了数字。

在《人类简史》中，作者尤瓦尔·赫拉利有精辟的见解：人类的大脑并不是为了记录精确信息而生的。我们的大脑，处理的更多是诸如果实的形状和颜色，果子分布的大概区域等模糊化的信息。如果要让我们记住每天三餐吃了多少种食物，分别是几种动物、几种植物，那可真是困难的任务，更不用说记住吃下去的食物的准确数量了——我们根本不会记得上一顿吃的米饭有多少粒，炒的一盘青菜有多少叶子，吃饺子蘸了多少毫升醋……

人类大规模生产和协作出现之后，"使用精确记录数量的数字"就成了一件必须做的事情。究竟是谁让数字产生、让数据暴增，究竟是谁促进了人类语言的丰富？当然是植物这个"幕后主使"。

到目前，我们看到的最早的有人类记录的泥板上，记录的不是对自然的赞叹，不是对感情的咏唱，而是关于粮食数量的信息。那是在古城乌鲁克遗迹中发现的一块泥板，上面的符号翻译过来的意思就是"29 086 单位大麦 37 个月库辛"，表达的意思可能是：一位叫库辛的官员，在 37 个月的时间里，收到了 29 086 单位的小麦。

谁借了多少粮食，谁归还了多少粮食，谁交了多少粮食的税，国库总共收集了多少粮食，还有多少粮食可以支出……这些都需要精确记录下来，否则整个社会就乱套了。于是，农作物直接促成了数字和文字的诞生和发展。

## 植物和几何学的起源

植物促进了数字的诞生，你可能会觉得有些牵强，毕竟狩猎多了也要记数量啊。但是，植物促进了几何学的诞生，这可是板上钉钉的事情了。植物和几何学有什么关系呢？

29086

植物，了不起的人类职业规划师　　　PAGE_021

别急，我们一起把时间倒回文明的起源。你会发现，四大文明古国发源的区域都有河水流过：古中国的黄河，古印度的印度河，古埃及的尼罗河，古巴比伦的幼发拉底河和底格里斯河。

大河区域能够成为文明的摇篮，其中一个重要原因是：好种地。每年雨季的时候，上游的动植物残骸和土壤会被洪水裹挟着冲到中下游，变成农作物喜欢的肥料。

说了这么多，跟几何学有什么关系呢？当然有关系。

虽然季节性的洪水带来了肥料，但是洪水过后，田地的形状和边界都改变了。来年再耕种的时候，就需要重新划分田地，这成为每年耕种之前都必须做的事情。

河边的土地，有的是正方形，有的是长方形，有的是梯形，有的是三角形……要想公平地分配土地，首先就要搞明白不同形状地块的面积；而如何测量、计算这些农田的面积，就促成了几何学的诞生。

计算面积还遇到了更复杂的问题：有很多耕地，不是正方形，不是长方形，也不是梯形，而是有一条边是曲线的不规则图形。这要怎么计算呢？

这也难不倒人们。大家把这个不规则图形划分成了很多细长的长方形，只要把这些长方形的面积加起来，就可以知道大概的面积了。这其实就是微积分的基本原理，在笛卡尔创立微积分方法的几千年之前，人类就开始使用了，不能不夸一下人类的智慧。

毫不夸张地说，农作物，不仅仅促成了几何学的诞生，甚至还促进了微积分的萌芽。你说植物厉害不厉害？

## 植物里隐藏着神秘数字

植物对数学家的启示还远远没有结束。

你画过向日葵吗？一朵向日葵是怎么画的呢？是不是先画一个大圆饼代表花盘，然后在花盘周围画上花瓣，花盘里面画上许多小方格？向日葵是拥有两种花朵的植物，花盘周围是舌状花，花盘里面是密密麻麻的管状小花，每朵管状小花结一粒葵花籽。

但是，如果我们仔细观察向日葵花盘上的小花朵，就会发现它们并不是按照横平竖直的小方格来排列的，而是组合成了一条条从中心向外延伸的神奇螺旋线，小花朵们都站在这些螺旋线上面。在一个由300朵管状小花组成的向日葵花盘上，可以找到34条左旋的曲线和21条右旋的曲线。除了向日葵，还有其他植物也拥有这样奇妙的现象，数一数菠萝上面的螺旋线，就会发现有的是8条，有的是13条。

更神奇的是，这些数字都是斐波那契数！

那么，什么是斐波那契数呢？

简单来说，就是斐波那契数列中的数字。所谓数列就是数字构成的队列，在斐波那契数列这个特殊的队列中，每个数字都是前两个数字之和，如果是以1，1开头的自然数数列，那么这种数字就是1，1，2，3，5，8，13，21，34，55，89……1加1等于2，1加2等于3，2加3等于5，3加5等于8，5加8等于13，8加13等于21……以此类推。这些特别的数字就叫作斐波那契数。

那么向日葵和菠萝是学过数学吗？

当然不是。向日葵这么做是为了让自己获得最大收益。在花盘大小固定的情况下，这样布置，可以放下更多的小花，也就能得到更多的后代了。

科学家通过计算机模拟发现，每旋转137.5°〔计算公式：$2\pi \times (1-0.618)$〕安排一个花朵，是最合理的方案，而现实中菊科植物的花序就是这样安排的。

看来在数学家了解这个知识之前，植物都已经会使用这个知识了。

这种神奇的螺旋线不仅最有效率，还非常美，隐含着黄金比例。随着这个数列数字的增大，前一个数除以后一个数的得数会越来越接近0.618。把单位半径为1，1，2，3，5，8，13……的圆弧顺次连接起来，就会得到一条完美的螺旋线。达·芬奇的《蒙娜丽莎》是传世名作，她的微笑有说不出的美丽。科学家经过分析发现，蒙娜丽莎的构图居然都是分布在斐波那契螺旋线之上。大家不要忘记，达·芬奇不仅仅是一个艺术家，还是一位数学家哦。

PLANTS, AMAZING HUMAN CAREER PLANNERS

植物，了不起的人类职业规划师

# 当植物遇到建筑师

植物怎么能帮助建筑师？提供盖房子的木头吗？当然不止。植物能够带给建筑师的远比我们想象的要多得多。

毫不夸张地说：植物是人类的建筑老师。植物不仅为我们提供了建筑材料，更向我们展示了自然设计的巧妙。我们今天能住在宽敞明亮、安全舒适的房子里，这里面少不了植物的智慧。

# 建城墙要靠小米

植物跟城墙有什么关系？我们可以先来听一个关于年糕和城墙的故事。

当年，伍子胥力谏吴王灭掉越国，可惜吴王并没有听从伍子胥的建议，而是命令伍子胥修建了壮丽的都城供自己享乐。后来，吴王听信谗言赐死这名大将。伍子胥临刑前告诉百姓，如果有一天都城为越军所困，可以去城墙某城门下掘地三尺取粮。起初百姓都觉得这是玩笑话，直到有一天都城真的为越军所困，弹尽粮绝，人们这才想起伍子胥的话，试着去城门下挖，结果发现地下城砖竟然是糯米做成的。多亏有这些米砖，全城百姓才免于饥荒之苦。后来，百姓为了纪念伍子胥，开始制作城砖造型的米糕，当然个头要小多了。这就是年糕最初的传说。

无法考证这个故事是不是真的，但是用大米和小米来修城墙这件事，确实是历史上真实存在的。

在过去没有胶水的时候，不管是糊窗户

还是贴春联都需要用到一种东西，那就是"浆糊"，也就是面粉或米粉加水煮成黏稠状态的糊糊。糊糊之所以有黏性，主要归功于里面的淀粉，特别是支链淀粉。这些淀粉分子长得就像树枝一样，有很多分叉，在水煮过程中，这些淀粉分子拉起小手，变成黏糊糊的浆糊，黏合的能力堪比现代胶水。

在古代，修城墙的时候可没有水泥这种东西，那怎么才能黏合城砖，让城墙更坚固呢？工匠们会在工地上支起大锅煮米汤。注意，这些米汤不是为了填饱肚子，而是为了修城墙。工匠们在砂子和石灰中加入大米或者小米煮成的米汤，这样的米汤砂浆有很好的黏合力，干燥之后会让城墙变得很结实，就像现代使用的混凝土。

# 竹子，拥有天然"混凝土"的植物

说到混凝土，我们今天看到的摩天大楼，很多都是用这种材料建成的：先搭建好钢筋框架，然后再浇筑上混凝土。这样建成的建筑不仅坚固，还有韧性，比单用砖头建成的房子结实多了。

实际上，在人类发明钢筋混凝土建筑之前，植物的世界中早就在应用这样的结构了。

用竹子作为建筑用材的历史可以追溯到7 000年前；秦汉时期，竹子已经成为重要的建筑材料。直到今天，竹子依然是傣族、佤族、基诺族、景颇族等少数民族民居的重要材料。竹子为什么这么结实，足以搭起人类的庇护之所？

这一切都要归功于竹子的结构。

如果你仔细观察竹子的断面，就会发现有很多均匀分布的小圆点。纵向观察竹子，能看到它的组织中有很多柔韧的细丝，这些被称为维管束的细丝不仅仅是输送水分和养料的管道，还可以像钢筋一样为竹子提供支撑。当然了，只有这些"钢筋"是远远不够的，竹竿要坚固，还需要"混凝土"。在这些维管束周围确实填满了厚实的细胞，这些细胞被称为基本组织。你看，竹子里面既有"钢筋"也有"混凝土"，你说它们能不坚固吗？

竹子不仅有足够的硬度，还有比较好的弹性。同时，与一般的木本植物相比，竹子的生长速度极快，四年的毛竹就完全可供使用了。而同样长的时间，连木质疏松、供造纸用的白杨都不能成材，更别说那些百年才能成材的松柏了，竹子真是生长迅速、经济实惠的选择。所以在旧时，竹子也被视为穷人家的木材。

到了今天，竹子因为生长特别快，坚固又柔韧，又成了建筑师宠爱的新材料。

# 王莲的启发

植物不仅可以给建筑师提供材料，还能给建筑师提供设计的灵感，比如叶片可以承载一个小朋友浮在水面上的王莲，就是给建筑师带来重要启发的植物。

表面温柔的王莲叶片，在水面之下的部分却是另一副模样，凸起的叶脉之上布满了尖刺，让那些觊觎美味叶片的水生动物无处下嘴，起到保护叶子的作用。

但是对幼嫩的王莲茎叶而言，这种防护设施还不够强大，水生动物还是会威胁到它们。所以要想在池塘中生存，一定要让它们远离里面的原有居民，鲤鱼、草鱼等动物对王莲的叶子可一点儿都不嘴软。

不过王莲叶子最特别的地方还不在于那些尖刺，而在于那些叶脉形成的网格结构。王莲叶片强大的承重能力，恰恰是与这种结构相关的。

叶片上突出的叶脉并不是均匀分布的，而是分为主叶脉和侧叶脉，在空间上复杂排列的结构提供了出色的机械强度。英国水晶宫的设计师正是受到王莲叶脉结构的启发才设计出了那座空前的玻璃建筑。现在在体育场这样大跨度的屋顶上，我们常常能看到分割成很多小正方形的网格结构，这种特殊设计的灵感也来源于王莲叶脉。

除了叶脉，王莲叶片中的空腔也为叶片提供了额外的浮力，让王莲更好地适应水生环境，傲然于水中。

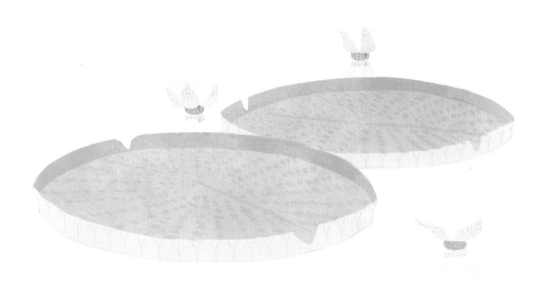

# 05

## 当植物遇到考古学家

水稻
（炭化籽粒）

你心目中的考古学家是如何工作的呢？

也许你想到的，是他们小心翼翼地用刷子清理埋藏着的文物，在遗迹中寻找遗落的文明印记，或者是用各种仪器研究古老的化石……其实，考古学家要解决的一个基本问题就是：研究对象距今多长时间了？而回答这个问题，常常要依靠植物。

# 年轮，记录时间的"指纹"

植物能告诉我们时间——你首先想到什么呢？没错，是年轮。

在地球上的大部分地方，一年总会有一个利于植物生长的季节，也会有一个不利于植物生长的季节。在每年春夏的时候，光照好，气温高，雨水多，植物生长快，这段时间长成的木头比较多，木质也比较疏松，被称为"早材"。到了秋冬时节，光照弱，气温低，雨水也少了，植物生长慢，于是长成的木头比较少，木质也比较紧实，这样的木头被称为"晚材"。每一年，早材和晚材交替形成，就像把蛋糕和饼干叠起来，一层一层的，这就是年轮。在今年的晚材和明年的早材之间有明显的界线，这就成了数年轮来定时间的基础。

通过数年轮的数量，我们就能知道这棵大树有多少岁了。

一棵大树的年轮是有限度的，目前世界上活着的植物年龄通常不会超过6 000年，更不用说可以盖房子、做家具的大树，能活过四五百年而不被砍伐已经是万幸了。那么，考古学家又是如何知道，古建筑上或者古墓中的那些木材究竟是什么年代被砍伐使用的呢？

这还得回到年轮来说。大树上的年轮不仅可以记录时间，早材和晚材之间比例的变化还可以记录和显示每年的雨季和旱季。仔细观察，我们还能发现，每一年早材和晚材的宽度都是不一样的。那是因为，每一年的气温、降水和光照都不可能一模一样，有些年份风调雨顺，有些年份则是干冷异常。在风调雨顺的时候，大树就长得快，年轮也就宽一些；在干冷异常的时候，大树就长得慢，年轮也就窄一些。并且，每一年的雨季和旱季的时间也有差别，所以有些年份早材比晚材宽得多，有些年份的差距却不是很大。

　　我们把生活在不同年份的同一种大树的年轮都排在一起，这样就得到了由年轮组成的一个时间年表，哪个年代的年轮什么样子，一清二楚。

　　发现新的木头后，就可以比对年轮表，这样我们就能知道这块木头所在的年代了。

　　毫不夸张地说，树木身上的年轮是大自然摁上去的"指纹"。

# 花粉告诉我们古人的生活

植物不仅仅能帮我们记录时间，还能帮我们记录古人的生活——古代人种什么粮食，吃什么食物，有特别的植物助手帮我们记录。

植物的种子保存下来并不容易，那我们怎么知道古人生活的环境中有什么植物呢？

别着急，还有花粉。

花粉虽然看起来非常小，但是这些小颗粒装的可是重要的繁殖细胞——植物的精子。就像把宇航员送到太空需要太空舱一样，一朵花把精子送到另外一朵花那里也需要"太空舱"，花粉这个"太空舱"就如同人类的太空船一样坚固结实。

花粉能够耐受酸碱和压力，即便被埋在地下很长时间，也能保持原有的形态。

更有意思的是，不同植物的花粉长相是不一样的。所以，通过分析花粉的组成，我们不仅能知道那个年代的主要农作物有什么，还能知道存有这些花粉的器物是不是那个时代的产物。甚至有科学家尝试在陶器中寻找花粉，从而判断陶器烧制年代、当时的植物组成是什么样子的。

除了花粉，能够帮助考古学家的还有淀粉。我们用肉眼看到的淀粉是粉末，但是如果把它们放在显微镜下面观察，就会看到像冰晶一样的颗粒。不同植物的淀粉颗粒长得也不相同，所以通过观察器物上的淀粉颗粒，可以了解当时人类的食物构成——古代的人吃小米、小麦还是吃玉米，由淀粉粒来告诉你。在以色列发现的两万年前的石器上面就有残存的淀粉，说明那个时候的人类已经学会研磨植物的种子制造粉来吃了。

怎么能知道这些石器就一定是两万前的石器呢？考古学家还会使用一个特别的方法，那就是去问跟石器保存在一起的古代植物，它们身上也记录着时间。

## 碳 14 讲述更久远的故事

想让植物讲述真实的历史，需要一点技巧。

在新疆维吾尔自治区博物馆展厅里有十几具古尸展出。最吸引人的是那具在罗布泊楼兰遗址中发现的女尸。这具女尸保存得相当完好，不仅棺木完整，连羊毛编织的华丽衣服也保存得相当好，被称为"楼兰美女"。关于她生活的年代，在考古学界，曾经展开过一场激烈的争论。

最初，一些考古学家通过分析认为，楼兰美女生活在距今约 4 000 年前；另一些考古学家提出质疑，认为 4 000 年前没有编织羊毛的精细技术。双方都认为有充足的证据能证明自己的观点，大家争论不休。

其实大家都没有说假话，大家都使用了一种让古代植物说出自己年龄的方法：碳 14 分析法。

碳 14 是一种特别的碳原子，与普通的碳 12 不一样。碳 12 的原子核由 6 个质子和 6 个中子组成，两者数量相加是 12，所以叫碳 12。碳 14 也拥有 6 个质子，但是中子的数量是 8 个，所以就成了碳 14。你可能会问，这跟植物的年龄有什么关系呢？

别着急，我们接着说。

植物进行光合作用，需要吸收二氧化碳，组成二氧化碳分子的碳原子，既有碳 14 也有碳 12，并且在大气中，这两种二氧化碳的比例几乎是恒定的。活的植物不断吸收和放出二氧化碳，它们体内的碳 14 比例也是恒定的。

但是植物一旦死掉，就不会再吸收大气中的二氧化碳了。这个时候，两种碳原子的比例就会发生变化，因为随着时间的推移，碳 14 会变得越来越少，而且减少的速率是恒定的。

这样一来，只要测量出文物里面碳 14 的含量，并计算出碳 14 和碳 12 的比例，我们就能知道这一植物材料是多少年前的了。

不管是木头、稻米还是衣物，都可以用这个方法来探查它们的年龄。

在实际的考古工作中，考古学家会综合使用不同的时间推测方法，不同方法得到的结果还可以相互验证，这就像我们做数学题的时候，可以用不同的方法来验算一样。多种方法的验算使用，可以为考古学家揭开很多谜团，让植物告诉我们更多真实、有趣的历史故事。

# 06

## 当植物遇到零食商

  看电影的时候，配上一大包香甜的爆米花再合适不过了。如果我告诉你，玉米可以变成甜甜的糖浆，甚至可以变成香醇的植物黄油，你相信吗？

  小小一包爆米花，是食品加工技术的成果。植物促进了人类食品工业的发展，也成就了我们现代人的餐桌。

# 自己会爆炸的玉米

硬硬的玉米粒是如何变成蓬松可口的爆米花的呢？

街头的爆米花师傅会用黑黑圆圆的、像大炮筒似的工具，把玉米粒放进去，盖紧盖子，在火上旋转着加热。时间一到，师傅会把那个炮筒取下来，用脚踩动机关，随着"砰"的一声巨响，爆米花就出现了。

这种变化是如何产生的呢？

你可以去做个小实验：先用洗洁精或者肥皂水弄出很多泡沫，然后把它们放在冰箱冷冻室里（北方的冬天可以直接放在户外的冰天雪地里）。放上一段时间你就会发现，这些泡沫被冻住了。

其实，爆米花的原理也是如此。

在锅里温度足够高的时候，玉米粒中的淀粉会熔化。在开盖的一瞬间，淀粉和水会突然变成泡沫状，就好像我们用洗洁精吹泡泡一样。出锅之后，淀粉的温度又迅速下降，淀粉就突然凝固，变成了固体的"泡泡"。坚硬的玉米粒忽然被大量的"泡泡"撑开，我们吃到的爆米花就有了松软的感觉。其实，绝大多数膨化食品就是这么做成的。

有些特殊品种的玉米，直接放在锅里面炒炒就会爆裂，变成爆米花。它们的果皮非常紧实，就是一个小型的"高压锅"，加上里面的淀粉也很特别，根本不需要用高压就能变成爆米花的形态。这种玉米被称为爆裂型玉米。

爆裂型玉米其实是一个古老的玉米种类。早在公元前300年，美洲的印第安人就发现，把玉米放在靠近火堆的地方，有些玉米会爆裂，变成爆米花。但是，这个特性一直以来都没有被重视。直到20世纪30年代，爆裂型玉米才在美国变成了商品。而在此之前，用高压锅制作的爆米花已经在美国开始流行了。直到今天，爆米花仍然是小朋友和大朋友喜欢的零食。

## 玉米变糖浆

只有爆米花还远远不够，毕竟原味的爆米花不香也不甜，这就需要额外的调料——糖。但是普通的白砂糖并不是个合适的调料，它们不能黏在爆米花上。

如果你去看看饮料瓶上的配料表就会发现，今天我们饮用的绝大多数甜味饮料中都含有一种甜味剂——果葡糖浆。初看这个名字，很多人的第一反应都是"这玩意儿是葡萄做的吧"，或者"它至少应该是水果做的吧"。这些联想都错了。其实，制作果葡糖浆的原料是玉米。毫不夸张地说，我们喝可乐的时候就是在喝玉米！

可乐中的果葡糖浆就是用玉米制成的，一种黏黏的、稠稠的、甜掉牙的糖浆。只要温度、压力合适，玉米里的淀粉就可以变成果糖和葡萄糖的混合物，这就是果葡糖浆。

为什么人们会想到用玉米制作糖浆呢？果葡糖浆诞生以及大量应用始于美国，这要归因于 20 世纪 60 年代的几个重要事件：一是当时美国对进口的蔗糖加税，二是美国的玉米滞销。正好科学家又找到了玉米转化为果葡糖浆的技术方法，这就促成了果葡糖浆的发展。

## 小贴士

想要详细了解果葡糖浆的故事，可以阅读"少年轻科普"丛书《我身边的奇妙科学》一书中《可乐里面的"玉米糖"》。

# 玉米黄油是怎么来的

除了糖，黄油也是爆米花调味时不可或缺的配料。

## 小贴士

很多人以为牛奶里蛋白质含量比脂肪更高，这个想法是不对的。其实，牛奶中的脂肪含量要多于蛋白质。

纯正的黄油是从牛奶中获得的脂肪。牛奶中含有脂肪和蛋白质，要想获得黄油，就要让蛋白质、水和脂肪分离开，这就需要先搅打牛奶（搅打会促进分离），再静置。静置之后，脂肪就会浮起来。

你也可以在家自己试试看：倒一杯经过巴氏消毒的鲜牛奶，尝试用筷子或者勺子使劲搅打。放置一天后，会有一层黄色的油脂浮在最上面，这就是黄油了。

至于植物黄油，那就是氢化植物油了——通过加氢技术，液态植物油变成常温固态的植物黄油。

在"植物大战僵尸"游戏里面，玉米会打出黄油块，这并不是毫无根据的，因为用玉米真的能生产出黄油，这些黄油来自玉米中的特殊部位——胚芽。

我们来看一个玉米粒：最外边是一层硬

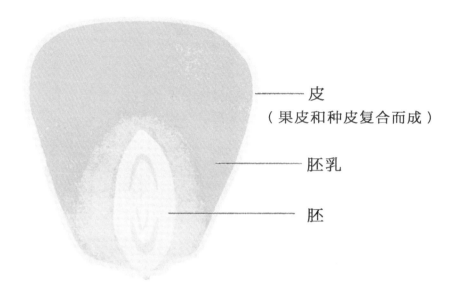

皮<br>
（果皮和种皮复合而成）

胚乳

胚

皮，那是玉米的"衣服"，负责保护玉米，它们肯定做不了黄油。除了外皮，玉米里面又分成了大小两部分，小的那部分像月牙片，大的那部分像马牙齿。这个月牙片叫胚，也就是未成年的玉米。剩下的"马牙齿"就是玉米的胚乳了，主要储备淀粉。

我们需要的油就来自玉米的胚，经过培育和筛选可以获得含油量特别高的玉米品种。在压榨出玉米油之后，再通过特殊的加氢手段，给玉米油中的脂肪分子加上更多的氢原子，最终让液态的玉米油变成常温固态的植物黄油。

# 07

## 当植物遇到书法家

物外山水法

　　植物不仅是书法家书写用的材料，还能保存文化。今天我们使用的纸张，也是用植物制作的。这又是什么样的故事呢？

# 宣纸为什么能写字

如果我们把墨汁倒在塑料片上，墨汁很难附着在上面。但是倒在宣纸上，墨汁就会渗透在纸中，扩散开来。

这是因为，一张纸实际上是由很多条植物纤维"堆砌"而成的。造纸的时候，会把木材或废纸中的纤维分散在水中，使纤维处于被水分子包围的状态，然后在过滤——上下两面加压脱水——加热干燥的过程中除去水分。

在这个过程中，纤维细胞之间的水分子被去掉，而纤维分子之间依靠氢键手拉手，于是形成了纸。

所以，造纸的关键就在于原料中的纤维要足够丰富。有几种非常合适的造纸材料：青檀是茎皮纤维特别丰富的植物；构树和它的兄弟楮树因为纤维素含量极高且纤维长、强度大，也是中国古代制作书写纸张的重要原料。

光有纤维还不够，还需要把纤维黏合在

一起的材料。所以还需要制作黏合剂。古时候，人们使用猕猴桃藤的浆水，将它们加到宣纸里，宣纸就变得很牢靠了。

今天，我们造纸的原理与 2 000 年前蔡伦造纸的原理并没有本质区别，但是现代纸张的使用性能已经发生了巨大变化，与古时候完全不同。把墨汁滴到普通的打印纸上，墨汁也不会迅速扩散开来了，而且纸张越来越厚实。你很难透过铜版纸看到下一页字迹，这是因为现代纸张不仅纤维密度更高，还添加了很多碳酸钙之类的填料。正是因为这些填料的存在，我们的纸张才显得"洁白无瑕"。这是古代的书法家不曾想到的事情吧。

## 保存字画需要樟脑来帮忙

保存字画，要面对一个大烦恼，那就是各种蛀虫。毕竟纸张的原料是纤维素，这对很多动物和微生物来说都是超级棒的粮食。

我们需要安全保存书画的方法，恰好，有些纸张自带防虫属性。在我国有很多特别的纸张（特别是在南方地区），比如产自云南省腾冲市的腾冲宣纸、纳西族的东巴纸、四川的雪花皮纸以及西藏地区特有的狼毒纸等。制作这些纸张的主要原料是瑞香科植物，其中最具代表性的就是结香和瑞香——因为瑞香科植物纤维的特殊性，用它们制成的纸张比桑皮纸和构树皮纸都更为光滑细腻，甚至有丝质的感觉。而且瑞香科植物本身就携带着很多生物碱类的毒素，能起到防虫的作用。

放书画的盒子也有讲究，樟木匣子是个不错的选择。不仅是因为樟木的坚固和美丽花纹，更重要的是樟木的味道可以赶走讨厌的小虫子，因为樟木中含有特别的驱虫剂——樟脑。

樟脑是一种天然的杀虫剂，来源于自然，所以被人们认为是一种安全的除虫剂。但我们遇到樟脑也要小心，这些药丸绝对不是善意的糖豆。对人类来说，樟脑有很强的神经毒性。吃 0.5 克就可以引起眩晕、头痛、温热感，乃至兴奋；如果吃下的樟脑达到 2 克，服用者就会进入镇静状态；如果摄入量达到 7 克，服用者就有生命危险了。所以，大家一定要注意，天然的不一定就是安全的，天然的驱虫剂也需要小心使用。

木桧盛之

需以簀床

上榨为实

焙而后干

# 当植物遇到投资商

植物可以让人一夜成富翁，也可以让人一夜变穷光蛋。植物塑造了基本的期货交易形态，植物又让我们了解了人类的欲望，还帮我们了解了病毒的微观世界。

你可能想不到：一朵郁金香背后，隐藏的是各种商业上的阴谋诡计。这朵花不仅放大了人类的欲望，还帮助人类逐渐找到了人跟人打交道的方法，以及人跟病毒、跟整个世界打交道的方法。

# 始料未及的"疯狂郁金香"

郁金香引入荷兰时，恰逢荷兰航海和贸易空前发达的时代。财富开始在少数人手上积累，贵族需要有能显示自己身份的象征——郁金香恰逢其时，成为财富的象征，承担了显示实力和地位的功能。

这场炫耀比赛的开端很有戏剧性。16 世纪末，植物学家卡罗卢斯·克卢修斯把郁金香带到荷兰，卡罗卢斯只把郁金香当作研究对象，并不与大家分享或出售自己的郁金香。直到有一天，他的郁金香被偷了，漂亮的花朵引起了人们的注意，这就是荷兰郁金香产业的开端。

很快，像洋葱一样的郁金香球茎与财富挂钩了。花色和花型越是新奇，它们的售价就越高。到 17 世纪初，一个优质品种的种球售价可以高达 4 000 荷兰盾，这几乎是一个熟练木工年薪的 10 倍。当时间的指针走入 1637 年的时候，珍稀郁金香的售价更是达到 13 000 荷兰盾——用这些钱可以在阿姆斯特丹最繁华的地方买下最豪华的别墅！

郁金香不仅贵，还跟一种特殊的商业活动——期货交易有关。

## 郁金香种球特性催生的投机生意

什么是期货交易呢？简单来说，就是合同交易。

一手交钱一手交货，这是最简单也最常见的买卖模式。但是，有些人买卖的不是实物，而是一份有效的交货合同；买下这份合同的人就可以在约定好的时间去收货，当然，也可以把这个合同再卖给其他人。

郁金香的交易催生的正是这种交易模式。

郁金香开花之后，种球就进入一段很长的休眠期，来年春天才会再次开花。在休眠期间，人们看不出这些种球会开出什么样的花朵，花纹和颜色是否珍稀。但是，害怕错过发财机会的人，已经等不到种球开花了，开始直接买卖没有开花的种球。后来，人们甚至不在意种球是否成熟了，直接买下在苗圃里生长的、还没有成熟的种球，提前签好一个交货合同。再后来，更疯狂的收购者干脆不需要实物，只把这个合同买过来……因为所有人都相信：郁金香只会越来越贵，越早把它们收入囊中，再交易出去，就能赚越多的钱。

这种买卖郁金香交货合同的行为，就是最早的期货交易了。

在郁金香交易最疯狂的年代，还催生了一些奇怪的行为：比如，花高价买下他人的郁金香种球之后，直接扔在地上踩个粉碎，为的就是让自己手中的同类郁金香种球成为唯一，然后卖出天价。这种通过买断对方产品、获得高额利润的行为，叫作"垄断"，在今天的商业竞争中仍然屡见不鲜。

在那个疯狂的年代，有一种被称为"伦

布朗型"的郁金香脱颖而出，成为众人争抢的目标。当时的人肯定不会想到，自己用重金换来的、带有特殊斑纹和色带的郁金香，其实只是些感染了病毒的"病人"而已。

## 狂热追寻的宝藏花朵，竟然是病毒感染的结果

在 17 世纪初的郁金香交易狂热时期，感染了郁金香碎色病毒的花朵备受追捧。红色的花朵上有一些类似火焰的黄色条纹，这让郁金香的花朵显得分外妖娆。

1637 年，荷兰园艺学家发现，把出现碎色状态的郁金香鳞茎嫁接到颜色正常的种球上，就会让后者也出现碎色现象。当时的人们并不知道郁金香出现碎色是病毒在捣鬼。

真正发现花色改变的原因，已经是 20世纪初的事情了。郁金香碎色病毒之所以能

形成复杂而精致的斑纹，是因为这种病毒可以影响花青素的合成。人们发现鳞茎之间的相互摩擦，以及在郁金香上吸食汁液的蚜虫都可以传播病毒。

什么是花青素呢？通常来说，花朵呈现红色或蓝色大多与花青素有关，并且可以随着酸碱度变化而变化。我们用碱面搓揉红色的玫瑰花瓣，就会发现花瓣变蓝了。

那些发病的细胞无法积累花青素，使得郁金香的花朵出现了奇怪的色带和斑纹。而对于那些压根就不产生花青素的白色和黄色郁金香来说，即便是感染了病毒，也不会出现特别的条纹——白色来自气泡，而黄色来自叶黄素和胡萝卜素。对这些花朵来说，它们并没有可以被干扰的花青素，所以这些郁金香永远是纯色的。

可惜这个发现没有让发现者发大财，因为，伦布朗型郁金香在 19 世纪就已失宠了。今天，纯色健康的郁金香更受欢迎。

# 09

## 当植物遇到牙医

在很多小朋友看来，看牙医是一件可怕的事情。不管是拔牙、镶牙，总伴随着一堆电动钻头、钳子在我们的嘴巴里进进出出。

你可能没想到的是，牙医的一个重要工作内容是植物安排的；而且，植物后来还试图让牙医失去工作。这到底是怎么回事呢？我们来讲讲当植物遇见牙医发生的故事。

# 拔智齿——植物给牙医安排的工作

拔智齿是现代牙医的一个重要工作，其实这个工作就是植物为牙医量身定做的。智齿是植物留给人类的印记。

智齿的英文名字叫"Wisdom teeth"，意思就是"代表智慧的牙齿"。它的含义是，在这颗牙齿长出来的时候，这个人已经有足够的智慧了。虽然名字好听，但是智齿萌动的时候，不仅会挤占正常牙齿的位置，还会带来剧烈疼痛。人类为什么要长智齿呢？

人类祖先的食谱里面，植物占了一大半。毕竟植物不会跑、不会跳，今天生长在这里，明天也不会换地方，叶片、果实和种子只要去采摘就可以了。但是，这些食物也有一个很大的缺点，那就是费牙。

要想摄取植物的叶片、果实和种子里面的营养，必须慢慢嚼，细细嚼。只有嚼得足够细，我们的身体才能吸收其中的养分。人类的祖先没有石磨，不会用火，更没有花样的烹饪技艺，他们能做的就是使劲嚼啊嚼，粗壮的下颌就是获取营养的重要工具。

正因如此，人类祖先的牙齿磨损得厉害，到二三十岁的时候就所剩无几了。这个时候，横空出世的智齿就成了救命的工具。毕竟，没有牙根本就嚼不了东西，更不用说生存下去了。

后来，随着人类学会了磨面，学会了脱粒，学会了蒸馒头、煮面条、做米饭，加工后的食物就不那么费牙了，人类的口腔状态也变好了。这时，长出来的智齿就会跟其他牙齿争夺空间，给我们带来的麻烦就是各种疼痛了。

就这样，植物成就了智齿，而拔智齿成了当今牙医的重要工作，所以说植物成就了牙医，一点都不为过。

## 你喜欢薄荷味的牙膏吗

植物不仅仅可以帮牙医招揽生意，还能"抢"牙医的饭碗，给牙医减少工作呢。因为很多植物可以帮助我们清洁口腔，维护牙齿健康，这样一来，牙医的工作可就少很多了。

保持口腔健康的第一要务就是好好刷牙，刷牙要用牙膏，而牙膏大部分都是薄荷味的。

薄荷味的来源就是薄荷醇。薄荷醇之所以让我们有清凉的感觉，并不是因为它们能吸收热量，降低周围的温度（不信的话，可以用温度计测测牙膏溶液的温度变化）。我们之所以可以感受到清凉，全都仰仗薄荷醇——它能让机体产生冷的感觉。

除了让我们感受到清凉，薄荷醇还有促进毛细血管扩张、抗炎、镇痛的作用。不仅如此，薄荷醇还能帮助一些药物成分更好地进入我们的皮肤。所以在一些止痒镇痛的药膏中，我们也能发现薄荷醇（薄荷脑）的身影。

在牙膏里面加上薄荷醇，是为了适当麻醉口腔，让刷牙的过程不那么难受。我们刷完牙之后，会感觉舌头有点木木的，那就是薄荷醇在麻醉我们了。

# 不一样的口香糖

除了认真刷牙，还可以来点口香糖保护牙齿。嚼口香糖可以清洁口腔，让牙齿变得更健康。

从古到今，人们放在嘴里嚼过的"口香糖"还真不少，种类和来源也千奇百怪。

在新石器时代，芬兰地区生活的人们就开始咀嚼用桦树焦油（把桦树枝条切碎，隔绝空气加热，就会得到有黏性的焦油了）制成的"口香糖"，留有牙印的胶体在 5 000 多年后被考古学家发现，这大概是最早的"口香糖"了。不过，这种"口香糖"的味道着实让人捏把汗，桦树皮、焦油……想想都没有好味道。

后来出现的一些"口香糖"相对可靠一点。希腊人嚼的是一种叫乳香黄连木的植物的树脂，割开这种树的树干就能得到很多象牙色的树脂。这种树脂不仅可以被当作治疗胃肠道疾病的药物，还可以作为香料，用在各种甜品之中。

北美印第安人嚼的是云杉树树脂（我们在松树上也能看到类似的、黏糊糊的松脂）。来到美洲的白人殖民者很快就学会了嚼云杉树脂。1848 年，一个名叫约翰·柯蒂斯的人研究出了第一种商业售卖的纯云杉树脂口香糖。

保护口腔健康，植物的作用还不仅仅在于它是口香糖的原材料，它还可以给我们提供保护牙齿的硝酸盐。

一听硝酸盐，很多人是不是心里就犯嘀咕了：这东西不是对人体有害的吗？也正因为这个原因，像香椿这样硝酸盐含量丰富的蔬菜屡屡被大家嫌弃。

硝酸盐是植物特别喜欢的一类肥料，叶子和嫩芽中会储存很多。当我们吃下植物时，硝酸盐就会进入人体，在人体内变成亚硝酸盐。一般来说，被人吃下的硝酸盐会通过消化道进入血液，这些硝酸盐会被送到唾液腺中。随着唾液分泌，硝酸盐又进入了口腔，这里有众多的细菌把硝酸盐还原成亚硝酸盐。

正是由于亚硝酸盐的存在，那些有害的厌氧菌才不会兴风作浪，否则的话，我们温暖湿润且有食物残渣的口腔早就成细菌乐园了。

## 小贴士
### *植物塑造了人类的身体*

　　植物影响的不仅仅是我们的牙齿，人类眼睛和皮肤的进化都受到了植物的影响。

　　人类的祖先依赖于果实、嫩芽这样的食物。因为植物身体上不同的颜色代表了植物不同的生长阶段，所以分辨颜色成为一种非常重要的能力。比如香椿这样鲜红色的嫩叶通常是有毒的警示标志，而苹果果实的红色则是成熟可食用的信号，只有那些善于选择正确食物的人类才能远离毒素，获取更多的营养。

　　至于人类的皮肤颜色为什么会在进化过程中变浅，这跟人类最初进入农耕时代，植物性食物占的比重增加、动物性食物急剧下降有关。因为食物中缺乏足够的维生素D，所以需要人类自身合成。而较浅的肤色有助于吸收紫外线，合成维生素D。就这样，人类皮肤的颜色就变浅了。

# 当植物遇到服装设计师

衣食住行是人类生存的四件大事，防寒保暖的衣物和填饱肚子的食物更是重中之重。所以，在植物世界中，除了各种粮食蔬果，与人关系最紧密的当属棉花了。

棉花的开发利用，不仅仅改变了人类的衣着，更在很大程度上影响了贸易和世界历史发展的进程，棉纺织业的迅猛发展也成为英国第一次工业革命的重要动力。

# 棉花是个大家族

我们常说的棉花并不是一种植物，而是锦葵科棉属的 20 多种植物的统称。到今天，人类种植的棉花有 4 种，分别是草棉、亚洲棉、大陆棉和海岛棉。

草棉发源于非洲南部，一直向东传入我国。由于它纤维粗短，并不是纺织的好原料，现在已经很少栽培了。

亚洲棉是我国栽培历史最长的棉花种类，它从印度经过缅甸、泰国和越南传入我国南方。早在战国时期，中国就有种植棉花的记录，但是一直到 12 世纪，棉花才真正推广到中国全境。在随后的数百年时间里，亚洲棉一直是中国棉花的主力。不过亚洲棉的纤维还是不够长，大陆棉出现之后，很快就取代了它的位置。

目前，世界上种植最多的是来自美洲的大陆棉和海岛棉。大陆棉产于中美洲的大陆区域，而海岛棉的老家则在南美洲、中美洲和加勒比海地区。"美洲两兄弟"的棉纤维很长，很适合纺织，特别是大陆棉的栽种性能优良，几乎占目前棉花产量的 90% 以上。海岛棉的产量虽然只有 5%~8%，但是海岛棉的纤维是 4 种棉花中最长的，所以被用于高档面料的纺织，算得上是棉花中的"贵族"了。

## 舒适的面料

虽然叫"花"，但是这些毛绒绒的团团并不是棉花的花，而是种子上的纤维附属物——就好像我们会长出头发一样，棉花的种子会长出很多雪白的纤维。不过，肉眼看这些棉花纤维是白色的，但是在显微镜下我们就能发现它们的"真身"是透明的。因为这些纤维是中空的，其中填充的空气让我们感觉棉花是白色的了。也正是因为中空的结构，棉花才有了很好的保暖和透气性能。

在西方的传说中，棉花被描述成一种神奇的植物。它们来自一只小羊，当小羊把身旁的绿叶啃食干净的时候，就会留下一身洁白的羊毛供人们采摘。

　　10世纪，棉花被带到了西班牙，并在此生根发芽，发展了欧洲最初的棉纺织业。但是，当印度的印花布被贩卖到欧洲的时候，欧洲人立刻就被这种面料征服了，柔软的质地、舒适的穿着感加上艳丽的色彩，那才是完美的穿着材料。实际上，欧洲在18世纪才有了真正意义上的棉纺织品。

　　到今天为止，棉花已经是运用最广泛、用量最大的天然纺织材料。这跟棉花出色的性能分不开——棉花的纤维长，容易纺线，容易牢固地附着色素，并且有良好的吸湿性和透气性，简直就是为人类衣物而生的材料。

## 棉衬衫为什么可以吸收汗液

棉花纤维有很好的吸湿性，可以吸进相当于其重量 1/4 左右的水分。棉花纤维吸收水分之后，会变得胖胖圆圆的，就像泡发的方便面一样。我们流出的汗液被棉织物吸收，沿着纱线输送到衣物外表面，并蒸发到空气中，这样我们的皮肤就有干爽的感觉了。

随着人工合成纤维技术的发展，新兴的合成纤维有了比棉花纤维更好的吸湿排汗性能，但是，综合纺织性能和性价比还是略逊于棉花，所以在将来，棉花的主力地位仍然会维持很长时间。

## 棉花进入中国之前

从商周时期到秦汉时期，中国人的衣物都有明显的等级区分，只有王公贵族可以穿着蚕丝制成的衣物。直到西汉时期，也不是所有人想怎么穿就怎么穿，即便是有财力购买丝绸的商人，如果地位不高，也只能把丝绸作为衣物内衬悄悄用在麻布衣服当中，产生了"丝里枲（xǐ，枲麻，也泛指麻）表"的特别衣物。

在棉花织物推广之前，麻布才是中国人主要使用的衣物原料，在明代之前所说的布，指的就是麻布了。不过我们所说的麻并不是一种麻，而是对苎麻、亚麻、大麻的通称，而作为衣物历史最长的当属苎麻了。如今，麻质布料又受到人们的特别喜爱——耐磨、不易霉变、更凉爽、更透气，还有独特质感，做夏天的衣物再合适不过了。看起来好像我们找到了一种全新的纺织材料，其实并非如此，麻才是我们国家的传统衣物材料呢。

# 11

# 当植物遇到遗传学家

　　在生物学发展道路上，很多植物都做出了突出贡献，比如拟南芥和水稻等。但是要论到对现代生物学发展至关重要的植物，那还非豌豆莫属，正是豌豆帮助我们开启了现代遗传学的大门。对，没错，就是大家经常吃的豌豆——它帮助我们认识了基因，认识了染色体，认知了遗传的基本规律。

　　豌豆究竟有哪些不同寻常的能力呢？

## 豌豆的老家在哪里

豌豆是最早被人类驯化和栽培的作物之一。中国栽培豌豆的时间可以追溯到春秋时期，但是这些小豆子的老家在亚洲西部和地中海区域。人类栽培豌豆的历史甚至长达 7 000 年，在欧洲和近东地区新石器时代的遗址中就有豌豆出土。

豌豆籽粒富含碳水化合物，一直以来都是人类的重要食物。再加上一年可以播种两次，让豌豆成为优秀的农作物。在长期的栽培过程中，人类还培育出了很多不同品种的豌豆，比如说荷兰豆。

豌豆是豆科蝶形花亚科的植物。这个家族的花朵都像一只小蝴蝶，花朵的共同特征就是分成 5 瓣，每一瓣都有自己的名字：花朵上方最大的像面大旗子招展的花瓣叫旗瓣，主要承担"招蜂引蝶"的任务；在旗瓣下方，两片像小翅膀一样展开的花瓣叫翼瓣；翼瓣下方就是两片吃苦耐劳的龙骨瓣了，它们一般是蜜蜂在花朵上降落的"踏脚石"。

但是让人意外的是，豌豆花瓣的功能仅止于保护花蕊，因为在它们的花朵绽放之前就已经完成了授粉。

# 自花授粉的小花朵

通常来说，花朵之所以美丽，就是为了吸引昆虫等传粉动物，让传粉动物带着花粉在花朵之间穿梭交流。这不仅仅是为了繁育后代，更是为了繁育遗传多样性更多的后代——花粉的交流带来更多新的组合，更多的组合意味着可以在最大程度上适应多变的环境，毕竟多一个组合就多一个机会。

豌豆花在开放之前，就已经用自己的花粉为自己的胚珠进行了受精，这就是"自花授粉"。所以，蜜蜂即使来访花，也只是白忙活了。其实在环境稳定的前提下，豌豆这种繁殖方式不失为一个成功的策略，毕竟如果环境稳定，只要强化自己的优势就好了。就如同赛马场上的赛马，为了追求速度优势，会严格保证遗传的纯正。

与此同时，在没有传粉动物的时候，自花授粉植物可以顺利产生种子，这也是自花授粉的有利之处。毕竟再好的基因组合，也是需要以顺利产生种子为基础的。

所以说，强化基因交流和自花授粉，是植物应对不同生存环境的不同策略。

值得特别注意的是，豌豆这种自花授粉的习性，让我们很容易找到豌豆粒的"爸爸妈妈"，而不像那些盛开的梨花、苹果花，很难知道那粒成功孕育了种子的花粉是蜜蜂从哪朵花上搬来的。

## 伟大的遗传学实验

19世纪50年代，有一个人对这种花朵产生了兴趣。他一粒一粒吃豌豆时，忽然发现，这些豌豆粒长相不太一样：有的是绿色的，有的是黄色的；有的表皮是光滑的，有的表皮是皱巴巴的。为什么会产生这种差异呢？

他还发现一个特别的现象：把豌豆播种下去，黄色豆粒的后代还是黄色的，绿色豆粒的后代还是绿色的；光滑豆粒的后代还是光滑的，皱巴巴豆粒的后代还是皱巴巴的。

如果在拥有不同特性的豌豆之间进行杂交授粉，结果会是什么样子呢？

于是，他开始了一项伟大的实验。

他把这些豌豆都播种在小花园里面。在豌豆开花之前，去除掉花朵中带花粉的雄蕊，按照自己设计的组合给花朵人工授粉。

一件奇异的事情发生了：不管是用了黄色豌豆的花粉，还是用了黄色豌豆的雌蕊，最终结出的只有黄色豌豆。而光滑豌豆和皱皮豌豆杂交的结果是，全部种子的外皮都是光滑的。

　　他的发现显然暗合了中国的那句古话——"龙生龙，凤生凤，老鼠儿子会打洞"。这就是现代遗传学的发端，这个人就是大名鼎鼎的孟德尔。

　　不过，孟德尔没有就此止步。他把那些杂交出的豌豆再次种了下去，结果发现，收获的种子里面又有了绿色豌豆，并且跟黄色豌豆的比例是1∶3；皱皮豌豆和光滑豌豆的比例同样是1∶3。也就是说，绿色和皱粒特征并没随着杂交而消失，只是被黄色和圆粒这些特征压制住了——这些特征的核心恰恰就是我们现在熟知的基因。这就是遗传学中的显隐性定律。我们人类的单双眼皮，大小耳垂，ABO血型莫不如此。

　　遗憾的是，当时的人们对他的发现置若罔闻。直到半个多世纪之后，科学界才重新审视孟德尔的论文，给予他足够的尊敬和荣誉。

　　孟德尔用豌豆开创了现代遗传学。在孟德尔之后，经过一百多年的研究，我们知道了染色体，知道了基因，知道了 DNA。而这一切，正是因为孟德尔的努力。在后来的人类历史中，还有很多植物推动了人类对于遗传学的认识。

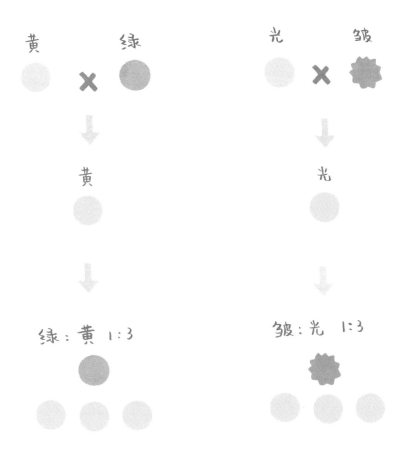

# 孟德尔得出成果是因为运气好吗

有一种说法认为，孟德尔之所以能发现遗传定律，是因为他太幸运了——他选择的7对性状，恰好分布在7对同源染色体上。所以孟德尔在进行杂交实验和统计分析的时候，很容易归纳总结出遗传学定律。

1962年，时任美国芝加哥大学校长的遗传学大师比德尔（1958年诺贝尔生理学或医学奖获得者之一）在芝加哥大学进行了一次关于遗传学的学术演讲。在演讲中，他讲述了"幸运孟德尔"的故事。在随后关于孟德尔的诸多文章中，这个故事被广泛引用，成为大家熟知的"运气"（实验材料）影响科研成果的例子。

但真相并非如此。通过现代基因组研究发现，孟德尔研究的7对性状其实分布在4对同源染色体上。其中，控制花色的一对基因（$A/a$）和控制子叶颜色的一对基因（$I/i$）位于第一对染色体上，控制花的位置的一对基因（$FA/fa$）、控制茎的高度的一对基因（*LE/le*）和控制豆荚形状的一对基因（*V/v*）位于第四对染色体上，控制未成熟豆荚颜色的一对基因（*GP/gp*）位于第五对染色体上，控制种子形状的一对基因（*R/r*）位于第七对染色体上。这样看来，对杂交实验结果的分析总结并不是那么简单，孟德尔的开创性研究并不仅仅是运气使然，更重要的是他对好奇心的坚持，对科学方法的坚守，最终使他成为现代遗传学研究的引领者。直到今天，豌豆实验中孟德尔遵循的科学精神和科学思维仍然是科学实验的根基，仍然值得我们好好学习。

小贴士

遗传学三大定律

1.分离定律。
2.自由组合定律。
3.连锁互换定律。

# 当植物遇到空间科学家

　　2021 年 6 月 17 日，神舟十二号载人飞船顺利与天和核心舱对接，标志着中国的航天技术进入全新的阶段。未来，在我们中国自己的空间站上会进行大量科学实验，其中就包括各种与植物相关的实验。

　　实际上，探索太空的活动中，了解植物的活动和行为一直是一个非常重要的研究方向。毕竟对于人类来说，植物实在是太重要了。不说别的，人类生存必需的氧气和食物都需要植物来提供。

　　在太空食物的研究过程中，"如何让植物在太空中开花结果"又是重中之重。毕竟我们需要的粮食、水果和蔬菜都需要开花结果才能繁育后代。

# 太空植物的旅程

从 1957 年世界上第一颗人造卫星发射成功开始，科学家就开始尝试在卫星、空间站这些太空"旅行舱"中种植植物了。之所以如此坚持，就是因为从地球向太空运食物太困难了。目前，向国际空间站运送一千克的货物就需要花费数千美元，实在是一笔高昂的费用。况且，人类要想去更远的地方探索，就必须要有自给自足的方法。

不过，并非将植物塞进太空舱就能变成太空植物，环境的改变让生长、开花都变成了极具挑战的任务。毕竟在数亿年的进化过程中，植物已经适应了地球环境，让它们在太空扎根生长就像把人突然扔到大海里生活一样。

所以，最初的实验仅仅是让植物幼苗搭乘航天器到太空兜兜风，观察太空环境对它们的影响。直到 1982 年，苏联科学家才在礼炮 7 号空间站上完成了拟南芥"从播种到收获种子"的种植过程。那次实验结果还算令人满意：这些个体产生的种子大多是正常的，可以再次生根发芽，开花结果。

# 复杂的花朵在太空中绽放

2016 年，在国际空间站上，绽放了第一朵百日菊。为什么一朵花的绽放让科学家如此欣喜？科学家为什么选择百日菊来做实验材料呢？那是因为在太空中想要让一朵花绽放并不是一件容易的事情，更何况百日菊的花朵还有特别精细的结构。

百日菊是一种非常成功的园艺花卉植物，花期长，颜色多变，适应环境的能力很强，所以深受园艺爱好者喜爱。

如同其他菊科植物一样，我们看到的一朵花其实是一个花序，一朵标准的百日菊花朵是由周围花瓣一样的舌状花和中心花蕊一样的管状花共同组成的。顾名思义，舌状花就是花瓣长得像舌头的花朵，这些花朵通常只有一片舌状花瓣，雌蕊和雄蕊通常没有很好发育；而管状花就不一样了，它们没有靓丽的大型花瓣，只有包裹雌蕊和雄蕊的，管子一样的花瓣。

这两种花分工极为明确，周围的舌状花负责吸引昆虫，而中央的管状花专司繁殖。就像一个饭店，既有招揽客人的服务员，也有专职烹饪的大厨。这能最大程度地有效利用资源，投入到生产种子这件大事上去。

相对于结构简单的拟南芥来说，研究结构复杂的百日菊，可以帮助我们了解微重力环境对于植物花朵发育的影响，这是支持我们今后长时间太空旅行的理论基础。

## 挑战：分不清天和地

在太空中，重力环境改变，对植物生长和繁殖是巨大的挑战。

对于地球上生长的植物来说，茎秆向上长，根系向下长，就是天经地义的事情。但是如果离开地球，事情就不这么简单了。如果我们在国际空间站观察种植物的话，就会发现它们长得非常纤细，并且向着四面八方随意蔓延——问题的核心就在于地球上有重力，而国际空间站是处于失重状态的。

我们还没有确切的证据来解释植物是怎样辨别方向的。目前比较公认的一种看法是：植物细胞里有一些淀粉组成的颗粒，它们会受重力的影响，沉积到细胞的下部，从而给细胞壁施加刺激。这样一来，植物神舟十二号航天员在太空吃苹果的视频给许多人留下深刻印象，大家的第一反应大多是，为什么带入太空的水果是苹果呢？

苹果有着自身的独特优势。第一，苹果耐得住运输和搬运，在适当的低温条件下，可以长时间保存。第二，苹果没有过于奇特的强烈气味，在密闭的太空舱里，气味普通也是一种优点。第三，苹果富含膳食纤维，对于微重力条件下航天员的身体健康是很有好处的。

就能辨别出天和地了。可以说，这些淀粉粒就是植物生长的"指南针"。另外一种观点是，悬挂着细胞器的细胞骨架可以感受到细胞器下坠的方向，从而辨别出哪边是上，哪边是下。

如果失去了重力作用，植物生长分不清上下，根和叶就会向着四面八方生长。拿常用的实验植物拟南芥来说，它们在失重状态下最后长成一团，本该拼命伸向天空的茎停下了脚步，反而是多了很多枝枝杈杈，就像漂浮在水中的水草一般。

植物的茎叶尚且找不到方向，像花朵这样需要精细生长的结构就更困难了。这也是植物无法在太空中良好生长的关键所在。

现在的科幻电影中有一些重力生成的方法，但是要进入实际投入使用的阶段还需要很久。未来，也许我们还可以去寻找那些控制植物生长状态的基因，通过改变植物的基因，让植物适应失重或低重力环境。


## 一个电风扇解决大问题

在太空失重状态下，植物碰到的挑战不仅仅是分不清方向的问题。还有一些看似简单的问题也会影响植物的正常生长。

在研究初期，百日菊总是会因为叶子上生长霉菌而死亡，不管如何调整光照和湿度都无济于事。后来人们才发现，原因在于叶片因为蒸腾作用产生的水分会聚集在叶片表面形成水膜。研究人员想了一个特别的解决方案，就是用风扇吹干它们。通过多次尝试，最终让百日菊植株顺利开花。

在探索太空的道路上，还有很多问题等待我们去解决，这也是我们探索宇宙的必经阶段。在未来，一定会有更多的植物在太空中绽放美丽花朵，也许那就是人类的希望和明天。

# 当植物遇到植物学家

　　在植物学家眼中，植物不是简单地为人类提供食物、衣物、器物的原料，它们是会讲故事的、绝顶聪明的家伙。植物的智慧给人类巨大的启发，学习认识植物，就是学习认识自己。

## 厚积而薄发，一夜成竹

竹笋一夜之间可以长高两米！这种惊人的速度，与它们的生长智慧密不可分。

一般来说，树的生长点几乎都是在树干的顶端。那里聚集了大量的特殊细胞，不断分裂，让大树一点一点地伸向云霄。但竹子的生长点并不在枝干顶端，而在每个竹节里面。打个形象的比方，如果把植物生长比喻成"建大楼"的话，那么一般的树木就只有顶层一个"施工点"，可竹子却有很多"施工点"，每一个竹节都是一个"工地"。这些工地一起施工，就可以在很短的时间内把竹子这座"大厦"建立起来。

竹节间分生组织的细胞不仅分裂快，而且生长的速度也快，是其他许多植物所不具备的。这种迅速生长也意味着竹子要在短时间内消耗更多的能量，这对植物来说是巨大的挑战。

竹子是天生的战略家，它们懂得"兵马未动，粮草先行"的道理。

竹节间不仅聚集了大量的植物激素，还聚集着大量的氨基酸和糖（所以我们吃竹笋的时候能感受到鲜味和甜味）。这些能量库像是骆驼的驼峰和汽车的油箱，为竹子的"快速生长期"提供了充足的后援。

厚积而薄发，这是竹子教给我们的做人的道理。

## 地下兰花：独自坚持，独自美丽

可能你是一个不受关注的人。可能你坚持做的事情，得不到他人的欣赏。

然而这些真的重要吗？

在澳大利亚的旷野中生活着一种地下兰花。这些兰花距地面至少有一厘米的距离，如果不细心地扒开地面上的落叶和土层，根本无法发现它们的踪迹。

论长相，这些地下兰花有点像缩小版的向日葵。一根长长的花茎上，顶着一个花盘，花盘上有 20~120 朵栗色的小花。只不过，这些"地下向日葵"不可能像真正的向日葵那样追随阳光。

你可能会觉得奇怪，这些终年不见天日的花朵究竟是靠什么活下来的呢？毕竟，通过光合作用，将太阳能转化为可利用的能量，才是植物的生存之道。

通过植物学家的调查发现，这些兰花总是出现在当地一种叫金雀花的植物周围。再经过缜密的研究和分析，最终发现，这些地下兰花竟然是依靠金雀花的根系来生存的。地下兰花跟一些真菌"搭伙"，通过吸收金雀花的营养来维持自己的生命活动。

有了这样稳定的能源供应，地下兰花就不用再考虑离开土壤了。即便是在开花的时候，地下兰花也只是顶开一点点地面，让白蚁可以进出，帮助它们传播花粉，而地下兰花本身从来不会暴露在阳光之下。

这些兰花从来不炫耀自己的花朵。从发芽到开花，从结果到种子成熟，一切都在地下默默地"表演"。没有人喝彩，没有人鼓掌，如果不是偶然的机会，甚至不会有人知道地球上还有这样的植物。

然而，这并不妨碍地下兰花演绎生命的传奇。

## 读懂植物：找到最适合自己的生存方式

有时候，我们会感觉到孤独和陌生。而植物能在很大程度上抚慰人的心情，会让我们多出很多朋友。

试想一下，你在上学的路上，看着玉兰吐露新芽，看着柳树散播柳絮，看着樱花一夜之间让城市染上彩霞般的红晕……每一天，路边的植物以不同的姿态与你打招呼，就好像在与不同的朋友聊天；每一天的路上都有它们陪伴，仿佛能听到它们对你讲美好的故事和甜蜜的唠叨。这样的道路，可比闷头行走的路让人心情舒畅多了。

在人类对植物进行了长时间的了解之后，我们更能明白一件事：每一种植物都有自己的生存智慧。紫花地丁在忙着招揽蜜蜂来吸蜜传粉，牡丹则大手笔地扔出大量花瓣，丁香忙不迭地送出调配好的天然"香水"，郁金香让整个大地变得多彩绚丽……即便在阴湿的墙脚，苔藓也在忙着制造养料繁育后代。

每一种植物都在以自己特有的方式，经营着自己的生活：拥有巨大叶片的王莲不惧怕亚马孙河的洪水；拥有众多小花的向日葵可以安排出美丽的斐波那契数曲线；拥有丰富油脂的油橄榄获得人类喜爱，成为和平的象征……

就像我们每一个人都会有各自生存的方法和策略，你我他就像不同的植物，都会有自己不同的人生。

就像植物没有最高级的生存方式一样，人类也没有最好的职业，没有最美好的人生——只要能找到最适合自己的生存方式，就是人生最大的幸福！

植物，了不起的人类职业规划师

# "少年轻科普"丛书

## 跨学科阅读

当成语遇到科学

当小古文遇到科学

当古诗词遇到科学

《西游记》里的博物学

## 科学新知

动物界的特种工

花花草草和大树,
我有问题想问你

生物饭店
奇奇怪怪的食客与意想不到的食谱

恐龙、蓝菌和
更古老的生命

我们身边的奇妙科学

星空和大地,
藏着那么多秘密

遇到危险怎么办
——我的安全笔记

病毒和人类
共生的世界

灭绝动物
不想和你说再见

细菌王国
看不见的神奇世界

好脏的科学
世界有点重口味

植物，了不起的
人类职业规划师

## 人文通识

博物馆里的汉字

博物馆里的成语

博物馆里的古诗词

"少年轻科普"小套装（8册）

## 包含分册：

· 当成语遇到科学
· 动物界的特种工
· 花花草草和大树，我有问题想问你
· 生物饭店——奇奇怪怪的食客与意想不到的食谱
· 恐龙、蓝菌和更古老的生命
· 我们身边的奇妙科学
· 星空和大地，藏着那么多秘密
· 遇到危险怎么办——我的安全笔记